1904.
XXXV.

SITZUNGSBERICHTE

DER

KÖNIGLICH PREUSSISCHEN

AKADEMIE DER WISSENSCHAFTEN.

Gesammtsitzung vom 7. Juli.

Über das Vorkommen des Pilzes des Taumellolchs in altägyptischen Samen.

Von G. Lindau.

Sonderabdruck.

Verlag der Königlichen Akademie der Wissenschaften.
In Commission bei Georg Reimer.
(Preis ℳ 0.50)

Über das Vorkommen des Pilzes des Taumellolchs in altägyptischen Samen.

Von G. Lindau.

(Vorgelegt von Hrn. Engler.)

Im Jahre 1898 hatte Vogl[1] darauf aufmerksam gemacht, daß sich in den Samen von *Lolium temulentum* fast regelmäßig ein Pilzmycel befindet, das zwischen den Zellen oberhalb der Aleuronschicht wuchert. Seine Entdeckung wurde kurz darauf von Hanausek[2], Nestler[3] und Guérin[4] bestätigt. Nestler stellte den Entwickelungsgang des eigentümlichen Pilzes in den Hauptzügen fest, indem er nachwies, daß das Mycel aus dem Samen in die junge Pflanze hineinwächst, in ihr emporwuchert, um dann schließlich im Samen wieder zur Bildung eines Mycellagers zu schreiten. Freeman[5] hat dann die Resultate Nestlers bestätigt und erweitert. Von besonderer Wichtigkeit sind seine Untersuchungen über die Verbreitung des Pilzes. Er untersuchte Samen des Taumellolchs, die aus den verschiedensten botanischen Gärten Europas stammten und fand in ihnen mit verschwindenden Ausnahmen den Pilz stets vor. Er konnte sich sogar davon überzeugen, daß die pilzfreien Samen weniger gut ausgebildet waren als die pilzhaltigen. Daraus geht hervor, daß wir es hier mit einer eigenartigen symbiontischen Erscheinung zu tun haben, deren Aufhellung bisher noch nicht gelungen ist. Der Pilz ist nicht bloß auf *Lolium temulentum* beschränkt, sondern auch andere Arten der Gattung beherbergen dasselbe oder wenigstens ein sehr ähnliches Mycel. *Lolium linicolum* enthielt das Mycel stets, während von *Lolium perenne, italicum, strictum* und *multiflorum* nur ein geringer Prozentsatz der Samen davon befallen war. *Lolium rigidum* zeigte sich pilzfrei.

[1] Zeitschr. für Nahrungsmitteluntersuch., Hygiene und Warenkunde XII, 28 (1898).
[2] Berichte d. Deutsch. Botan. Ges. XVI, 203 (1898).
[3] Ebenda XVI, 207 (1898).
[4] Journal de Botanique XII, 230, 384 (1898).
[5] Philos. Transact. Roy. Soc. London. Ser. B. Vol. 196, p. 1 (1903).

Während wir über die Entwickelung des Pilzes in der Pflanze und über seine geographische Verbreitung einigermaßen orientiert sind, wissen wir über seine systematische Stellung noch nichts, da bisher noch keine Fortpflanzungsorgane nachgewiesen worden sind. Die Vermutung, daß wir es mit einer rudimentären Ustilaginee zu tun haben, läßt sich nicht erweisen, obwohl das Wachstum des Mycels manche gemeinsame Züge mit den von Brefeld untersuchten Arten von Ustilagineen aufweist.

Die weite Verbreitung des Mycels in Europa legte die Vermutung nahe, daß es auch in außereuropäischen Ländern zu finden sein würde. Es war mir deswegen außerordentlich willkommen, daß mir Hr. Prof. Dr. G. Schweinfurth einige Loliumsamen übergab, die er bei Rosette und Gassatin in Ägypten gesammelt hatte. Außerdem aber erhielt ich von ihm wohlerhaltene Ährchen des Grases mit reifen Samen aus altägyptischen Gräbern. Bei den Ausgrabungen, die Dr. Borchardt 1903 bei Abusir anstellte, wurden in den Fundamenten des schon frühzeitig verfallenen Totentempels des Königs Ne-woser-re (V. Dynastie um 2400 v. Chr.) zwei Gräber gefunden, die aus der Zeit des mittleren Reiches (um 2000 v. Chr.) stammten und bis jetzt noch uneröffnet waren. Sie waren mit Spreu vom Emmer (*Triticum dicoccum*) angefüllt und dazwischen fanden sich zahlreiche Ährchen des Taumellolchs. Das Alter dieser Reste beträgt also etwa 4000 Jahre.

Die altägyptischen Reste sind von rezenten Exemplaren des Grases nicht zu unterscheiden. Sie stimmen morphologisch völlig mit unserem heutigen *Lolium temulentum* überein, nur sind sie durch das Alter hellbraun gefärbt. Der Same selbst ist äußerlich braun gefärbt, zeigt aber innen nur eine ganz geringe Bräunung, die nach der Aufhellung beinahe verschwindet. Die Zellwände und die Inhaltsstoffe der Körner sind tadellos erhalten und unterscheiden sich kaum von denen rezenter Exemplare.

Beide Arten von ägyptischen Samen habe ich nun auf das Vorhandensein des Mycels untersucht. In allen von mir präparierten Samen fand es sich in schönster Ausbildung vor.

Die Untersuchung selbst gestaltete sich sehr einfach. Die alten Samen wurden möglichst von den Spelzen befreit und dann zwischen Korkplättchen geklebt, damit sie beim Schneiden handlicher waren. Mit dem Rasiermesser wurden feine Querschnitte angefertigt, die sofort in Chloralhydrat gelegt wurden. Die Schnitte blieben gut im Zusammenhang, nur die Stärkeschicht splittert meist ab, wie dies bei rezenten Samen in noch höherem Maße der Fall ist. Die Zellmembranen der äußeren Schichten waren nur wenig gebräunt, während die Membranen der Aleuron- und Stärkeschicht fast unverändert waren. Durch die

Einwirkung des Chloralhydrates quellen die Membranen der Zellen und Hyphen etwas auf; die Aleuron- und Stärkekörner quellen wie bei frischen Samen nur wenig. Nach längerem Liegen in Chloralhydrat und später in Glyzerin trat noch weitere Aufhellung der Schnitte ein. Das Bild, das die Schnitte von alten Samen zeigten, war im wesentlichen dasselbe wie bei den rezenten. Da die früheren Untersucher bereits ausreichende Beschreibungen des mikroskopischen Aussehens gegeben haben, so beschränke ich mich hier auf die notwendigsten Angaben mit Bezug auf die alten Samen.

Da das Spelzengewebe fast vollständig vor dem Schneiden entfernt war, so liegen von ihm an der äußeren Seite der Fruchthüllschichten nur noch wenige Reste, die in den Figuren oberhalb der Schichten *f* schematisch angedeutet sind. Die Lagen der Samenumhüllung[1] sind meist undeutlich zusammengedrückt und werden erst beim Liegen in Chloralhydrat etwas besser sichtbar. Die äußerste Lage besitzt mehr rundliche Zellen, die aber meist nur schwer sichtbar waren und häufig auch mit dem Spelzengewebe entfernt worden waren. Die inneren Schichten dagegen bestehen aus ziemlich dickwandigen, länglichen Zellen, deren Lumen nicht immer deutlich hervortritt, meist aber doch noch als Strich zu erkennen ist. In den Figuren sind die Lagen der Samenumhüllung aus zeichnerischen Gründen etwas deutlicher gehalten, als sie meist in Wirklichkeit sich darbieten. Nach innen folgt dann die Aleuronschicht, die aus ziemlich großen, fast isodiametrischen oder etwas radial gestreckten Zellen besteht, die ziemlich dicke Membran besitzen. Meistens ist die Aleuronschicht aus zwei Lagen zusammengesetzt, doch findet sich auch nur eine Lage. Daran schließt sich dann im Innern das stärkeführende Parenchym an. Mit dem Inhalt der Zellen habe ich mich nicht weiter beschäftigt, da er dem der rezenten Samen durchaus gleicht. In den Figuren wurde er ausgelassen.

Die Pilzhyphen befinden sich zwischen den Lagen der Samenumhüllung und der Aleuronschicht, unmittelbar über der letzteren. Meistens zeigen sich feine, ziemlich dicht verflochtene Fäden, an denen manchmal mit vollster Deutlichkeit die Querwände zu sehen sind. Nach längerem Liegen der Schnitte in Glyzerin verschwinden sie aber vollständig, weshalb sie auf den Figuren nicht gezeichnet werden konnten. Die Dicke dieses lockeren Plektenchyms wechselt außerordentlich. An manchen Stellen besteht es nur aus einzelnen Hyphen, die sich über der Aleuronschicht hinschlängeln. Allermeist aber ist es dicker, etwa von der Dicke der Membranen der Aleuronschicht, bisweilen aber wird

[1] Unter der farblosen Bezeichnung »Samenumhüllung« verstehe ich hier die Lagen der Fruchthülle und der Samenschale.

es viel stärker und erreicht dann etwa die Hälfte des Gesamtdurchmessers der Aleuronzellen. Unter bestimmten Umständen aber entwickelt es sich zu einer noch viel größeren Mächtigkeit, was meines Wissens bei rezenten Samen noch nicht gesehen worden ist. Wenn nämlich durch irgendeinen Zufall die Zellen der Aleuronschicht etwas auseinandertreten und dadurch größere Interzellularräume entstehen, so erhalten die Hyphen Gelegenheit, sich in den Hohlräumen auszubreiten und dicke Schichten von lockerem Plektenchym zu bilden. Eine solche Stelle zeigt Figur 1. Die Zellen der Aleuronschicht *a*, die hier durch-

Fig. 1.

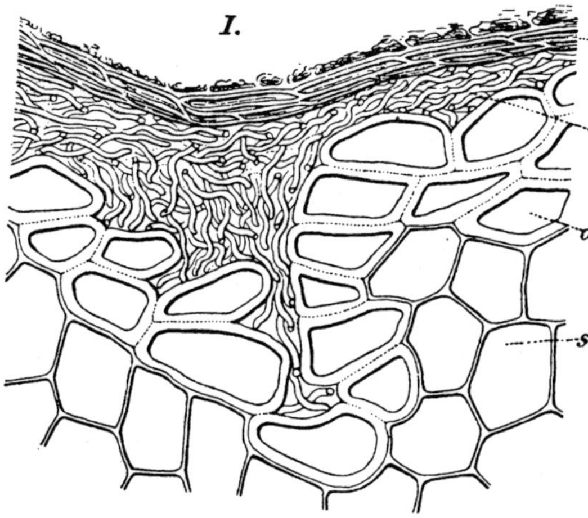

Fig. 2.

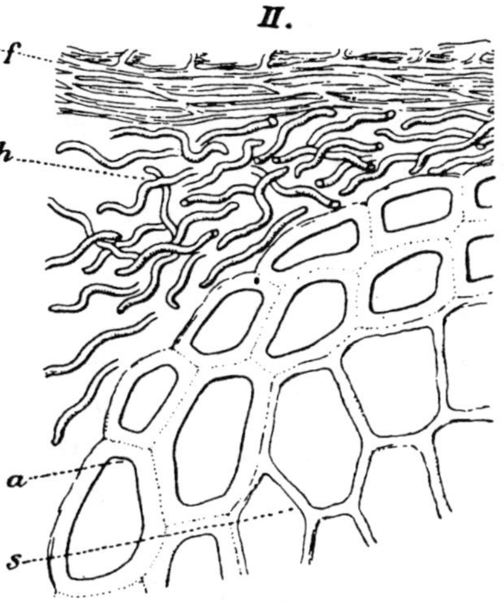

Querschnitte durch Samen von *Lolium temulentum* aus altägyptischen Gräbern. I. Schnitt ungekocht in Chloralhydrat und Glyzerin liegend mit zusammenhängender Hyphenschicht. II. Mit sich auflösender Hyphenschicht nach dem Kochen *f* Lagen der Samenumhüllung, darüber Zellfragmente, *h* Hyphenschicht, *a* Aleuronschicht, *s* Stärkeschicht. Vergrößerung 480. Original.

gängig zweizellig ist, haben sich in der Mitte etwas verschoben und dadurch einen breiten Interzellularkanal zwischen sich eröffnet. In diesen sind die Hyphen hineingewachsen und haben die Zellen scheinbar noch weiter auseinandergedrängt.

Im allgemeinen bilden die Hyphen über den Aleuronzellen eine Schicht, von denen weder nach außen noch nach innen Fäden abgehen. Bisweilen sieht man aber doch einzelne Fäden auf ganz kurze Strecken sich zwischen zwei Aleuronzellen eindrängen. Wahrscheinlich war dann auch ein kleiner Interzellularraum vorgebildet, in den der Faden hineingewachsen ist. Niemals aber sind mir Bilder vorgekommen, die etwa den Schluß nahelegen, daß der Pilz eine allmähliche Zertrümmerung der zusammenhängenden Zellagen herbeiführt.

Die Hyphenschicht überdeckt kontinuierlich die Aleuronschicht. Nur höchst selten findet man daher auf Querschnitten Stellen, wo die Hyphen aufhören und ein Stück davon entfernt wieder beginnen.

Um jeden Zweifel zu heben, daß es sich hier wirklich um Pilzfäden und nicht etwa um zusammengedrückte undeutliche Zellreste handelt, habe ich die Schnitte unter dem Deckglase in Chloralhydrat gekocht. Dadurch verquellen die Zellmembranen ziemlich stark und das Hyphengeflecht lockert sich außerordentlich auf, indem gleichzeitig auch die Pilzmembranen etwas aufquellen. Dadurch nun, daß sich durch die ungleiche Quellbarkeit der Membranen die Aleuronschicht von den Schichten der Samenumhüllung trennt, werden die Hyphen isoliert und zeigen nun aufs deutlichste die Fadenstruktur. Ein solches Bild von einem stark gekochten Präparat stellt Fig. 2 dar. Es stammt vom Ende eines Schnittes, wo die Lagen der Samenumhüllung sich weit abgehoben haben und die Pilzfäden nun vollständig frei in dem so entstandenen Raume liegen. Leider läßt sich an solchen außerordentlich lehrreichen Präparaten die Struktur der Hyphen nicht mehr näher studieren, da die Aufquellung doch eine zu starke ist; namentlich die Querwände verschwinden vollständig.

In anderen als an der angegebenen Stelle des Samens kommt das Mycel nicht vor. Haustorien in den Zellen der Nährpflanze wurden weder von den früheren Untersuchern noch von mir gesehen.

Von den alten Samen wurden fünf aus verschiedenen Ährchen untersucht. In allen diesen sowie in den rezenten ägyptischen Samen fand sich der Pilz stets vor.

Obwohl sich dies Resultat fast mit einiger Gewißheit voraussagen ließ, so hat doch der Fund insofern eine gewisse Bedeutung, als er zeigt, daß sich in dem langen Zeitraum von beinahe 4000 Jahren in der Lebensweise der Pilze nichts geändert hat. Wir sind also wohl berechtigt, ihn für diesen Zeitraum als eine konstante Art in der ägyptischen Flora zu betrachten. Damit ist freilich noch nicht bewiesen, ob er in unseren Breiten sich seit ebensolanger Zeit schon solchen eigentümlichen Lebensbedingungen angepaßt hat. Diese Frage läßt sich wohl stellen, aber schwerlich beantworten, da sich so alte Reste von *Lolium* wohl kaum in unseren Breiten erhalten haben.

Es war bereits in vielen Fällen möglich, Pilzmycel in fossilem oder subfossilem Zustande nachzuweisen — ich erinnere nur an die in Versteinerungen von Hölzern und Blättern vorkommenden Mycelien, an die Bernsteinfunde u. a. —, aber es war bisher kein Fall bekannt, in dem der Pilz der Präparation noch so unmittelbar zugänglich war wie hier.

Gleichzeitig aber sei im Anschluß an diesen Fund noch darauf hingewiesen, daß sich vielleicht auch an anderen altägyptischen Pflanzenresten parasitische oder saprophytische Pilze nachweisen lassen. Da wir sonst bei Vergleichung der Flora der niederen Kryptogamen eines Gebietes in heutiger und alter Zeit meist nur auf Vermutungen und vage Schlüsse angewiesen sind, so eröffnet sich hier ein Ausblick auf Untersuchungen, bei denen wir festen Boden unter den Füßen haben. Wir kennen die Pilze des heutigen Ägyptens ausreichend und können daher leicht Vergleiche anstellen, wie die Pilzflora im alten Ägypten ausgesehen haben mag, sobald die Gräberreste unter diesem Gesichtspunkte einmal untersucht sein werden.

Ausgegeben am 14. Juli.

Berlin, gedruckt in der Reichsdruckerei.